Bernd Vollmer

Entwicklung eines in vitro-Testsystems für den Knospen-austrieb bei Kern- und Steinobst

Development of an in vitro-test to study bud break in pome and stone fruit

GRIN Verlag

Bibliografische Information der Deutschen Nationalbibliothek:

Die Deutsche Bibliothek verzeichnet diese Publikation in der Deutschen National-
bibliografie; detaillierte bibliografische Daten sind im Internet über http://dnb.d-
nb.de/ abrufbar.

Impressum:

Copyright © 2009 GRIN Verlag GmbH
Druck und Bindung: Books on Demand GmbH, Norderstedt Germany
ISBN: 978-3-640-34745-2

Dieses Buch bei GRIN:

http://www.grin.com/de/e-book/129052/entwicklung-eines-in-vitro-testsystems-
fuer-den-knospenaustrieb-bei-kern

Leibniz Universität Hannover

Campus Herrenhausen

Fachgebiet Produktqualität Obstbau

Institut für Biologische Produktionssysteme

Bachelorarbeit

zur Erlangung des Bachelor-Grades

Entwicklung eines *in vitro*-Testsystems für den Knospenaustrieb bei Kern- und Steinobst

Bernd Vollmer

Gartenbauwissenschaften

Fachsemester 7

Abgabedatum 10.02.2009

Inhaltsverzeichnis

Tabellenverzeichnis

Abbildungsverzeichnis

Zusammenfassung

Der Austrieb von Knospen im Frühjahr wird durch verschiedene externe und endogene Faktoren beeinflusst. Das Ziel dieser Arbeit war es ein *in vitro*-Testsystem für den Knospenaustrieb bei Kern- und Steinobst zu entwickeln. Gegenstand der Untersuchung war, ob der Austrieb von vegetativen Knospen an isolierten Einzelknospenexplantaten von *Malus domestica* Borkh cv. "Cox Orange" vom Schnitttermin und der Lagerdauer der geschnittenen Triebe abhängig ist. Der Schnitttermin (08.01.2008 oder 21.02.2008) hatte keinen eindeutigen Einfluss auf den Austrieb. Die Lagerung hatte einen Einfluss auf die Blattflächenentwicklung. Knospen, die für 70 Tage gelagert wurden, entwickelten bei +24 +/- 2 °C in 15 und 25 Tagen mehr Blattfläche als Knospen die nicht gelagert oder für 40 Tage gelagert wurden. Die Austriebsgeschwindigkeit der Knospen wurde durch die Lagerung nicht beeinflusst. Auf der Grundlage des an Apfel entwickelten Testsystems wurde untersucht, ob sich der Knospenaustrieb von *Prunus armeniaca* L. cv. "Bergeron" durch eine einmalige Abscisinsäure(ABA)-Applikation kurz vor Beginn des Austriebs verzögern lässt. Der Austrieb wurde durch eine Behandlung mit 0, 10 oder 100 ppm ABA nicht beeinflusst, während eine Behandlung mit 1000 ppm ABA den Beginn des Austriebs um 15 +/- 2 Tage verzögerte. Ein *in vitro*-Testsystem für die Untersuchung des Knospenaustriebs für Kern- und Steinobst ist möglich, praxistauglich und mit einfachen Mitteln realisierbar.

Einleitung

Die kalte Jahreszeit in den temperaten Klimazonen bewirkt bei den Obstgehölzen eine Ruhepause, die als Dormanz bezeichnet wird. Die Dormanz stellt einen Schutzmechanismus dar, ohne den die Knospen durch die niedrigen Temperaturen im Winter Schaden nehmen würden. Während der Dormanz akkumulieren die Knospen Kälte. Die akkumulierte Kälte wird als Kältesumme bezeichnet. Die einfachste Methode, die Kältesumme zu bestimmen, ist die Summe an Stunden mit einer mittleren Temperatur im Bereich von 0-7 °C zu berechnen. In weiterentwickelten Modellen wird die unterschiedliche Wirksamkeit der Temperaturen im Bereich 0-7°C berücksichtigt. Die Kältesumme wird in Kälteeinheiten (*chill units*) angegeben. Je nach Sorte benötigen Apfelbäume zwischen 490 und 1320,5 Kältestunden (GHARIANI, STEBBINS 1994). Aprikosenbäume haben einen Kältebedarf von 596-1266 Kältestunden (RUIZ, CAMPOY, EGEA 2007). Unter- bzw. überschreiten die Temperaturen den Bereich von 0-7 °C pausiert die Kälteakkumulation bzw. erfolgt der Knospenaustrieb (SAMISH 1954). Während eine Pause der Kälteakkumulation für die Knospen auf Grund der tiefen

Temperaturen eher unproblematisch ist, stellt das vorzeitige Aufbrechen der Knospen ein sehr großes Risiko dar. Aprikosen reagieren auf steigende Temperaturen unmittelbar mit Knospenaustrieb (BROWN 1960). Sollte auf diese steigenden Temperaturen Spätfrost folgen, kann es je nach Knospenstadium zu großen Schäden bis hin zu Ernteausfällen kommen. Wird das Obst hingegen in subtropischen Regionen angebaut, ist das Angebot an Kältestunden sehr gering. Es müssen somit Obstarten verwendet werden, die einen geringen Kältebedarf aufweisen und für subtropische Regionen geeignet sind (HAUAGGE, CUMMINS 1991a). Eine geringe Kälteakkumulation gilt auch für Anbaugebiete in den temperaten Zonen in Jahren mit milden Wintern. Der Wunsch der Obstbauern ist es also den Knospenaustrieb in der Art zu beeinflussen, dass sie ohne auf die Apfelsorte achten zu müssen, den Knospenaustrieb beschleunigen oder verzögern können. Auf der einen Seite bedeutet dies, dass wenn der Kältebedarf nicht gedeckt werden kann, möchte man den Knospenaustrieb ermöglichen bzw. synchronisieren. Auf der anderen Seite, dass bei Gefahr von Spätfrösten der Austrieb verzögert werden soll. Eine Möglichkeit Knospen zum Austrieb zu bewegen, ist die Behandlung mit Stoffen, die die Dormanz brechen. Eine Variante wäre die Behandlung der dormanten Knospen mit Knoblauchextrakt bei der Apfelsorte 'Fuji Kiku' oder mit hydrogenisierten Cyanamiden und Mineralöl bei 'Royal Gala' und 'Fuji Kiku' (BOTELHO, MUELLER 2007). Eine Behandlung der Knospen mit dem Pflanzenbioregulator Thidiazuron führt zum Aufbrechen der Lateralknospen während der Dormanz (WANG, STEFFENS, FAUST 1985).

Eine Injektion von niedrigen Dosen Abscisinsäure (bis zu 100 µg) durch das enthauptete Ende von Aprikosenstecklingen führte zu einer Verzögerung des Blüte- und Blattknospenaustriebs nachdem die Endodormanz abgeschlossen war (Kaska, 1978). Eine Behandlung im BBCH Stadium 57 hatte auf die Blüte keinen Einfluss. Um die Knospen jedoch vor Frost zu schützen, werden heutzutage Frostschutzberegnungen durchgeführt, die jedoch Unmengen an Wasser benötigen. Alternative Möglichkeiten wie das Ausbringen von Stoffen, die den Knospenaustrieb verzögern, die Umwelt und den Menschen schonen, wären daher wünschenswert. In dieser Bachelorarbeit soll der Knospenaustrieb genauer untersucht werden.

Ziel dieser Arbeit war es ein *in vitro*-Testsystem für den Knospenaustrieb bei Kern- und Steinobst zu entwickeln. Gegenstand der Untersuchung war, ob der Schnitttermin, die Lagerung oder beide Faktoren einen Einfluss auf den Austrieb von Apfelknospen haben. Meine erste Hypothese lautet: Unterschiedliche Lagerungsdauer hat einen Einfluss auf das

Austriebsverhalten der Knospen.

Auf der Grundlage des in den Apfelversuchen entwickelten *in vitro*-Testsystems wurde untersucht, ob sich der Knospenaustrieb von generativen Aprikosenknospen durch eine einmalige Abscisinsäure-Applikation verzögern lässt. Abscisinsäure (ABA) ist ein Phytohormon. Es wurde von Ohkuma (1963) entdeckt und Abscisin II genannt. Im gleichen Jahr wurde aus Bergahorn eine Substanz isoliert, die Knospen im Ruhezustand hielt; Dormin. Dormin entsprach Abscisin II, von nun an wurde von Abscisinsäure gesprochen. Abscisinsäure kommt in ruhenden Knospen in großer Menge vor, daher lautet meine zweite Hypothese: Eine einmalige Behandlung mit Abscisinsäure zu Versuchsbeginn verzögert den Austrieb von Aprikosenknospen.

Material und Methoden

Versuche mit Apfelknospen

Als Versuchsmaterial diente *Malus domestica* Borkh cv. 'Cox Orange', veredelt auf die Unterlage 'M9'. Die Apfelbäume wurden im Jahr 1988 gepflanzt und befanden sich auf der Anbaufläche der Versuchsanstalt Ruthe bei Sarstedt (Niedersachsen).

Für die Untersuchung des Einflusses des Schnitttermins auf den Knospenaustrieb wurden an zwei Terminen, die sechs Wochen auseinander lagen, Langtriebe geschnitten. Die Berechnung der Schnitttermine erfolgte über die Kältesumme und Microsoft Excel, in dem für jeden stündlichen Klimawert der Messstation Ruthe für das Jahr 2007 und 2008 zwischen 0 und +7 °C der Wert 1 zugeordnet und am Ende der Tabelle aufsummiert wurde (Tabelle 1). Geschnitten wurden einjährige Langtriebe, welche bei 'Cox Orange' überwiegend vegetative Knospen tragen. Die geschnittenen Triebe waren am basalen Ende mindestens 10 mm dick. Die Triebe wurden an randomisierten Positionen am Baum geschnitten. Damit der Einfluss der Lagerung auf den Knospenaustrieb untersucht werden konnte, wurden die Triebe entweder direkt für einen Versuch eingesetzt (Versuche 1.1 und 2.1) oder bis zum Versuchsbeginn bei +3 °C, in feuchte Papiertücher eingeschlagen und mit Frischhaltefolie umwickelt, gelagert.

Tabelle 1 Versuchsübersicht, gegliedert nach Lagerungsdauer und den akkumulierten Kältesummen je Versuch.

Versuch	Versuchsbeginn	Lagerungsdauer nach Schnitt (d)	Kältesumme (h)
1.1	08.01.2008 Schnitttermin 1	0	1289
1.2	21.02.2008	44	2345
1.3	20.03.2008	72	3017
2.1	21.02.2008 Schnitttermin 2	0	2064
2.2	03.04.2008	40	3024
2.3	01.05.2008	70	3744

Um eine reproduzierbare Versuchsanordnung und vergleichbare Austriebsbedingungen für die untersuchten Knospen zu erhalten, wurden die Triebe in Einzelknospenexplantate geteilt. Das Präparieren der Explantete erfolgte im Labor unter Verwendung einer Gartenschere (Felco, Nr. 2). Je Versuch wurden fünf bis sieben Langtriebe in 40 Einzelknospenexplantate geschnitten. Die Explantate waren 50-70 mm lang und 5-10 mm dick. Zur Fixierung der Explantate dienten Styroporplatten, die vor Versuchsbeginn mit 40 Löchern vorgelocht wurden. In die Löcher wurde je ein Explantat gesteckt. Die mit den Explantaten bestückte Styroporplatte wurde in eine mit Leitungswasser gefüllte Plastikschale gelegt (Abb. 1). Anschließend wurde jede Schale mit dem Versuchsdatum zu Versuchsbeginn, der Versuchsnummer und der Anzahl der verwendeten Langtriebe beschriftet.

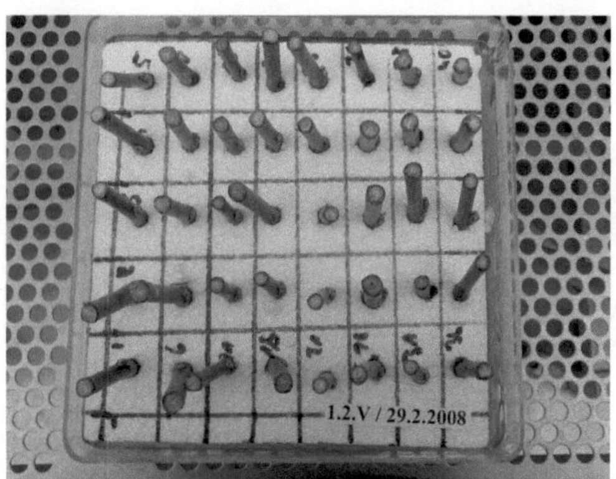

Abb. 1 Versuchaufbau von Versuch 1.2 etwa eine Woche nach Versuchsbeginn (21.02.2008). Dieser Aufbau ist stellvertretend für alle anderen Versuche.

Die fertig bestückten Schalen wurden in einer Phytokammer bei +24 +/- 2 °C und 65 +/- 5 % relativer Luftfeuchtigkeit (rLF) gehalten. Das Wasser in den Schalen wurde alle drei bis fünf Tage ausgetauscht und die Explantate am basalen Ende abgespült, um die Bildung von Algen- und Bakterienkolonien einzuschränken.

Die Entwicklung der Blattknospen wurde täglich visuell kontrolliert. Ab dem Tag, wo die ersten Knospen sich öffneten, wurde mit einer fotografischen Dokumentation begonnen. Dabei wurde von jeder einzelnen Knospe in Abständen von drei bis fünf Tagen mit einer Digitalkamera (Sony DSC-H1 CyberShot) ein Foto aufgenommen und aus dem Foto die projizierte Fläche der sichtbaren Blätter gemessen. Im Folgenden wird diese Fläche kurz „Knospenfläche" genannt. Zu beachten war, dass die Explantate immer aus dem gleichen Winkel fotografiert wurden (Abb. 2). Mit Hilfe eines Fotostativs wurde für jede Aufnahme gewährleistet, dass der gleiche Abstand von Objektiv zu Objekt eingehalten wurde und verwacklungsfreies Fotografieren bei längeren Verschlusszeiten möglich war.

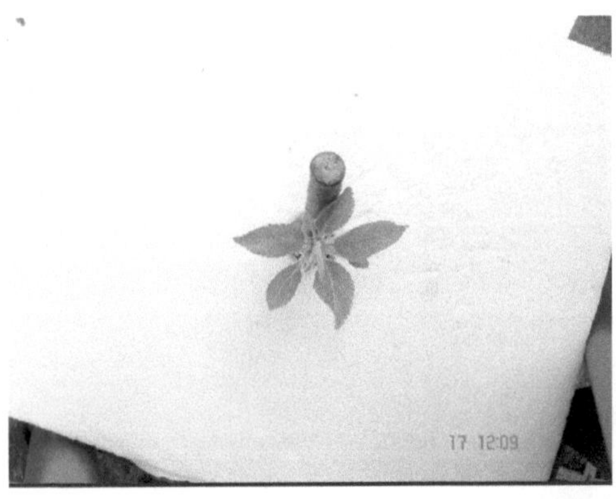

Abb. 2 Knospe 4 von 40 Knospen aus Versuch 2.1 am 17.03.2008; 25 Tage nach Versuchsbeginn. Diese Aufnahme ist stellvertretend für alle anderen Knospenfotografien.

In der Phytokammer besaßen nicht alle Leuchtstoffröhren das gleiche Lichtspektrum (Abb. 3). Aus diesem Grund und auch um die störenden Lichtinterferenzen sowie das Flackern der Leuchtstoffröhren auszugleichen, wurden alle Fotos mit einer Verschlusszeit von mindestens 30 Millisekunden aufgenommen, damit ein für alle Versuche gleichwertiges und gut analysierbares Fotomaterial angefertigt werden konnte (Blende 8, Brennweite 6).

Abb. 3 Leuchtstoffröhren in der Phytokammer.

Neben der Aufnahme der einzelnen Knospe wurde vor und nach jeder Fotoreihe als Maßstab eine Euromünze fotografiert. Über die Fläche der Münze wurde mittels Dreisatz die Knospenfläche berechnet. Die Bildanalyse erfolgte über das Programm cell^P (Olympus). Die Software berechnet die Anzahl der Pixel der auf dem Foto markierten Fläche. Für die Euromünze wurde eine Kreisfläche gezogen. Für jede Knospe wurde manuell die Kontur der ausgetriebenen Blätter nachgezogen. Über die Pixelflächen der Euromünzen und der ausgetriebenen Knospen konnten über die Dreisatzrechnung die genauen Flächen des Knospenaustriebs (mm^2) berechnet werden.

Für die Bildanalyse wurden die zehn besten Knospen am Ende der Versuche ausgewählt. Nur die Endauswertung gab Aufschluss darüber, welche Knospe sich gesund entwickelt hatten. Die Daten wurden in einer Exceltabelle zusammengefasst, in der zu jeder Knospe an einem bestimmten Zeitpunkt die projizierte Fläche des Austriebs eingetragen wurde. Die Entwicklung der einzelnen Knospen wurde grafisch dargestellt, indem die Flächen gegen die Zeit aufgetragen wurden (Software Sigmaplot Firma Systat). Außerdem wurden für jeden Versuch die Mittelwerte aller zehn Knospenflächen im Zeitverlauf berechnet. Dadurch war es visuell einfacher die Versuche miteinander zu vergleichen. Wurden alle Versuche in ein Diagramm eingefügt, konnte bestimmt werden, in welchem Zeitraum alle Kurven einen annähernd linearen Verlauf zeigten. Für diesen gemeinsamen Bereich wurde für jede Kurve, je untersuchter Knospe die lineare Regressionsgerade bestimmt.

Die Formel lautete:

```
f(x) = ax + b.
```

Die Formel setzt sich wie folgt zusammen: $f(x)$, Blattfläche an Tag x; a, Steigung; b, Achsenabschnitt. Die Regressionsgerade wurde mit Hilfe von Microsoft Excel berechnet. Mit den Regressionsgeraden wurden die Knospenflächen an bestimmten Tagen nach Versuchsbeginn berechnet. Außerdem wurde der Tag berechnet, an dem die Knospen 20 % der am Ende des Versuchs erreichten Gesamtfläche entfaltet hatten. Die Daten wurden mit der Software SAS (SAS Institute GmbH) statistisch analysiert ($R2 > 0{,}85$). Für die statistische Analyse wurde der Tuckey-Test verwendet.

Versuche mit Aprikosenknospen

Parallel zu den Versuchen mit Apfel fand ein Versuch mit Aprikosenknospen statt. Der Aprikosenversuch unterschied sich von den Apfelversuchen im Wesentlich durch die Verwendung von generativen Knospen statt vegetativer und der Behandlung der Knospen mit Abscisinsäure (ABA). Hier wurden keine Schnitttermine oder Lagerungsdauer verglichen.

Verwendet wurden Langtriebe von *Prunus armeniaca* L. cv. "Bergeron" veredelt auf *Prunus armeniaca* L. cv. "Rubira". Die Triebe stammten von der Aprikosenplantage der Obstproduktion Höhnstedt GmbH in Höhenstedt (Sachsen-Anhalt), wo die Bäume im Jahr 2003 gepflanzt wurden (Abb. 4). Die Triebe wurden am 13. Februar 2008 geschnitten. Die Knospen waren zu Versuchsbeginn nicht mehr vollständig dormant und befanden sich teilweise im BBCH Knospenstadium 51 (Knospenschwellen).

Abb. 4 Aprikosenplantage; *Prunus armeniaca* L. cv. "Bergeron" veredelt auf *Prunus armeniaca* L. cv. "Rubira"; Obstproduktion Höhnstedt GmbH in Höhenstedt (Sachsen-Anhalt); Pflanzjahr 2003.

Die Knospen wurden mit ABA behandelt, um zu untersuchen, ob eine exogene ABA-Applikation einen Einfluss auf den Knospenaustrieb hat. Um einen Wirkungsbereich der ABA-Konzentration festzustellen, wurden vier Behandlungen durchgeführt. Die Kontrollknospen wurden mit Leitungswasser benetzt (0 ppm ABA) und die anderen Knospen mit 10 ppm ABA, 100 ppm ABA oder 1000 ppm ABA. Pro Variante wurden 40 Knospenbüschel behandelt. Die Kultur der Aprikosenexplantate fand auf der Laborfensterbank bei +21 +/- 2 °C statt. Die Knospenentwicklung wurde an einzelnen Knospen an Einzelnodienexplantaten (Abb. 5) und ganzen Trieben (Abb. 6) untersucht.

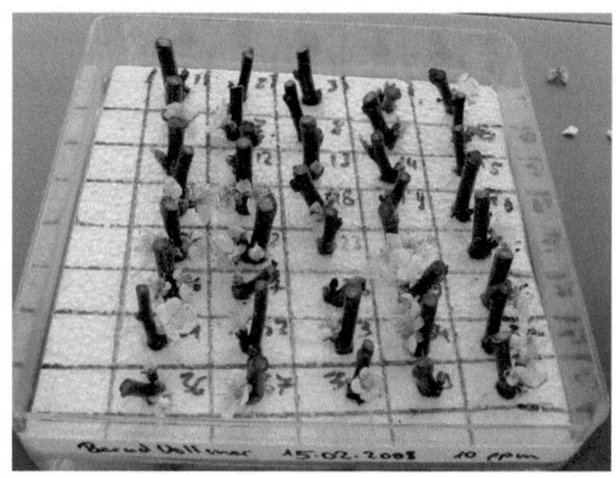

Abb. 5 Teilstücke von Aprikose 10 d nach Behandlung mit 10 ppm ABA (25.02.2008).

Abb. 6 Ganze Triebe von Aprikose 10 d nach Behandlung. Kontrolle mit 0 ppm ABA (25.02.2008).

Die erste Bonitur des Knospenaustriebs fand statt, als die Knospen anfingen anzuschwellen. Anhand der angepassten BBCH-Skala wurde jedem Entwicklungsstadium ein dezimaler Boniturwert zugeordnet. Die BBCH-Skala musste auf die Untersuchung von Einzelknospen angepasst werden, da die originale Skala auf ganze Bäume bezogen ist. Die Knospenstadien sind jedoch identisch. Mit den Boniturwerten wurden ähnliche Berechnungen wie in den Apfelversuchen durchgeführt. Abgestorbene und in der Entwicklung steckengebliebene Knospen wurden aus der Datensammlung entfernt. Von den übrigen Werten wurde für jede Behandlung der Mittelwert aus den eingesetzten Knospen ermittelt. Diese Daten wurden quantitativ und statistisch ausgewertet und in Grafiken veranschaulicht. Für die statistische Analyse wurde der Duncan Test verwendet.

Ergebnisse

Versuche mit Apfelknospen

Gegenstand der Untersuchung war, ob der Schnitttermin, die Lagerung oder beide Faktoren einen Einfluss auf den Austrieb der Apfelknospen haben. Die erste Untersuchung beschäftigte sich mit der Entwicklung der einzelnen Knospen (Abb. 7).

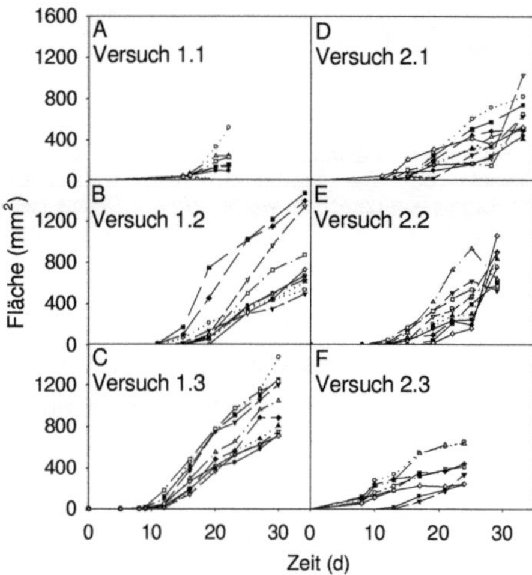

Abb. 7 Zeitlicher Verlauf des Austriebs von Apfelknospen während der Kultur bei +24 °C direkt nach dem Schnitt (A, D) bzw. nach Entnahme der ganzen Triebe aus der Lagerung bei +3°C (B, C, E, F) und Übergang in eine Phytokammer mit +24 °C und 65 % rLF. Die Triebe wurden im Winter geschnitten. Der Knospenaustrieb wurde fotografisch festgehalten und die Werte bildanalytisch ermittelt. Einzelne Datenpunkte stehen für die projizierte Blattfläche je Knospe. Die Werte wurden per Bildanalysesoftware ermittelt (siehe Material und Methoden). Pro Versuch wurden 10 Knospen analysiert, mit Ausnahme von A (*n*=5).

Die Knospen aus Versuch 1 trieben später aus, entwickelten sich jedoch schneller zu größeren Blattflächen als die Knospen aus Versuch 2. Dieses Ergebnis fand sich wieder, wenn für jeden Versuch aus den 10 untersuchten Knospen der Mittelwert gebildet und grafisch aufgetragen wurde (Abb. 8).

"

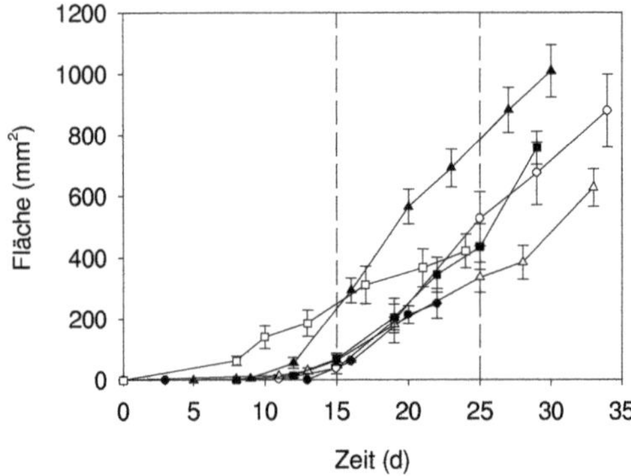

Abb. 8 Zeitlicher Verlauf des Austriebs von Apfelknospen während der Kultur bei +24 °C. Jeder Datenpunkt stellt den Mittelwert ± Standardfehler dar. Die senkrechten gestrichelten Linien kennzeichnen den Bereich, für den eine lineare Regression berechnet wurde. Weitere Details siehe Abb. 7. ●=1.1, ○=1.2, ▲=1.3, △=2.1, ■=2.2, □=2.3

Der Verlauf war bei allen Kurven im Bereich zwischen 15 und 25 Tagen annähernd linear. Für diesen Zeitraum wurden für die einzelnen Knospen die Regressionsgeraden berechnet. Die Mittelwerte der Steigungen und y-Achsenabschnitte der Regressions-geraden wurden statistisch analysiert (Tabelle 2).

Tabelle 2 Steigungen und y-Achsenabschnitte für die Regressionsgeraden ($R^2 > 0,85$), die für die Knospenflächen im Bereich 15-25 d berechnet wurden. Mittelwerte mit dem gleichen Buchstaben sind nicht signifikant verschieden, $p < 0,05$

Versuch	Steigung	StdF	y-Achsenabschnitt	StdF	R^2
1.1	32,44 ab	7,9	-452,64 ab	128,7	0,94
1.2	49,38 ab	7,2	-718,29 b	94,2	0,94
1.3	59,23 a	4,5	-650,01 b	41,1	0,98
2.1	27,07 ab	5,4	-338,64 ab	89,8	0,92
2.2	37,45 ab	6,4	-494,89 ab	89,8	0,94
2.3	20,70 b	3,2	-67,02 a	62,4	0,90

Die meisten Steigungen unterschieden sich nicht signifikant. Lediglich der Versuch 1.3 unterschied sich signifikant von Versuch 2.3. Die Kältesumme bzw. der Schnitttermin hatte eventuell einen Einfluss auf die Austriebsgeschwindigkeit. Anhand der Regressionsgeraden wurde der Tag des Knospenaufbruchs berechnet (Abb. 9).

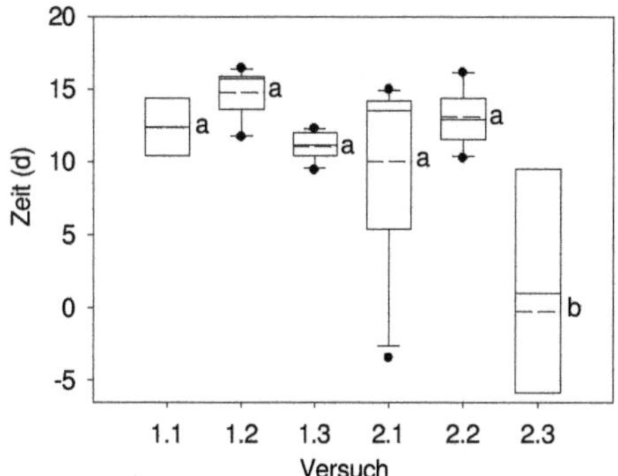

Abb. 9 Dauer bis zum Knospenaufbruch vegetativer Apfelknospen. Boxplots stellen die Zeitspanne bis zum Erreichen des ersten Knospenaufbruchs während der Kultur bei +24 °C dar. Je Boxplot *n*=10 Knospen, außer Versuch 1.1 (*n*=5). Erläuterung zu den Boxplots: Unter- bzw. Oberkante, unteres bzw. oberes Quartil; untere bzw. obere Whiskergrenze, 10. bzw. 90. Percentil, durchgezogene bzw. gestrichelte Linie, Median bzw. Mittelwert; schwarze Punkte, Ausreißer. Mittelwerte mit dem gleichen Buchstaben sind nicht signifikant verschieden, $p < 0{,}05$.

Die Zeit bis zum Knospenausbruch unterschied sich zwischen den einzelnen Versuchen nicht signifikant. Die Knospen trieben nach 13 +/- 3 Tagen aus. Nur Versuch 2.3 unterschied sich von den anderen Versuchen. Der Zeitpunkt des Knospenaufbruchs ist also auch von den Kulturbedingungen abhängig. Weiter wurde die Dauer bis die Knospen 20 % der maximal erreichten Blattfläche erreicht hatten berechnet (Abb. 10).

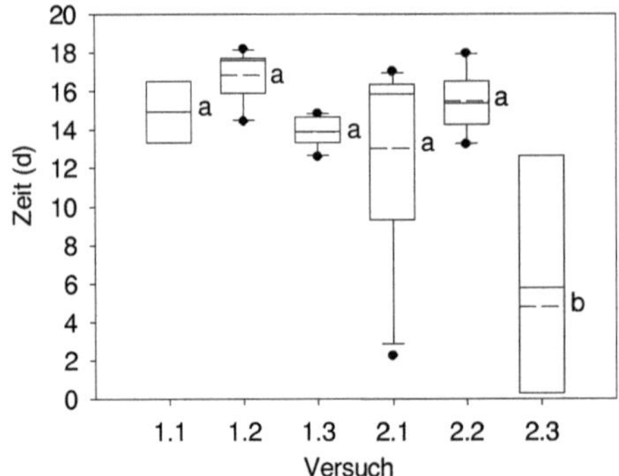

Abb. 10 Dauer bis zum Erreichen von 20 % der maximal ausgetriebenen Blattfläche vegetativer Apfelknospen während der Kultur bei +24 °C. Weitere Details siehe Abb. 9. Mittelwerte mit dem gleichen Buchstaben sind nicht signifikant verschieden, $p < 0{,}05$.

Die Dauer bis zum Erreichen von 20 % der maximal erreichten Blattfläche zeigte keine signifikanten Unterschiede. Versuch 2.3 fiel wieder aus dem Rahmen. Auf Basis des linearen Bereichs wurden die ausgetriebenen Blattflächen am Tag 15 und 25 nach Versuchsbeginn berechnet. Zuerst erfolgte die Berechnung der ausgetriebenen Knospenfläche am Tag 15 (Abb. 11).

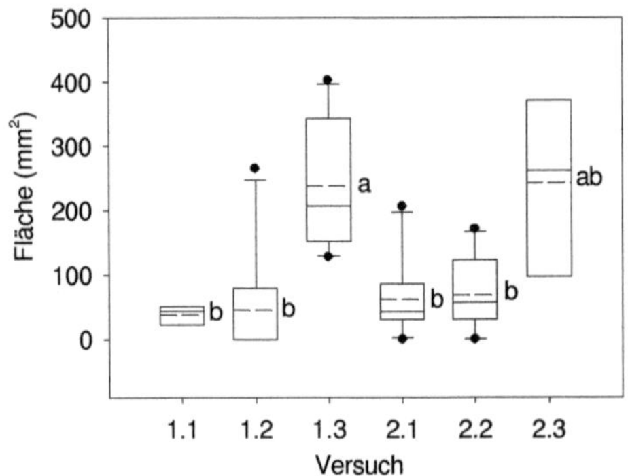

Abb. 11 Austrieb vegetativer Apfelknospen 15 Tage nach Entnahme der Triebe aus der Lagerung. Beschreibung der Boxplots siehe Abb. 9. Mittelwerte mit dem gleichen Buchstaben sind nicht signifikant verschieden, $p < 0{,}05$.

Der Mittelwert in Versuch 1.3 unterschied sich signifikant von den anderen Versuchen. Versuch 1.3 und 2.3 wiesen eine größere Variabilität auf. Die Blattfläche an Tag 15 war nicht abhängig vom Schnitttermin. Es lässt sich sagen, dass die Lagerung einen Einfluss auf die Entwicklung der Knospenfläche hat, was sich in Abb. 12 bestätigt. Die längste Lagerungsdauer führt zu einer größeren Blattflächenentfaltung. Die Lagerung von 40 Tagen und der Schnitttermin hatten keinen Einfluss. Anschließend wurde die Knospenfläche 25 Tage nach Versuchsbeginn berechnet (Abb. 12).

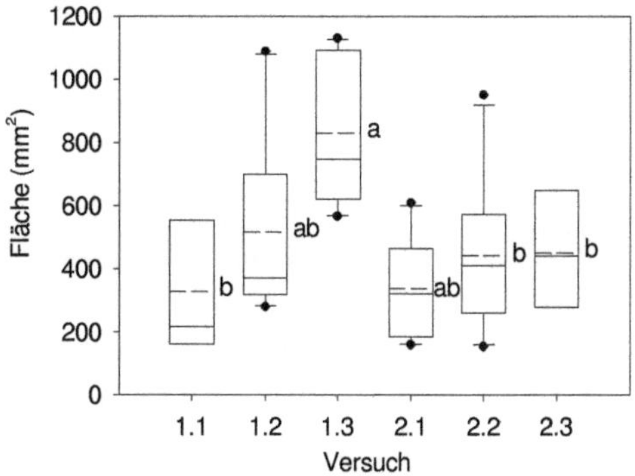

Abb. 12 Austrieb vegetativer Apfelknospen 25 Tage nach Entnahme der Triebe aus der Lagerung. Weitere Details siehe Abb. 9. Mittelwerte mit dem gleichen Buchstaben sind nicht signifikant verschieden, $p < 0{,}05$.

Auch hier hatte die Lagerung einen Einfluss auf die Knospenentwicklung. Die Knospenflächen an Tag 25 unterschieden sich bei Versuch 1, je nach Lagerdauer, auch wenn die statistische Auswertung zeigt, dass sich die Werte anglichen. Bei Versuch 2 liegt kein signifikanter Unterschied vor. Wenn man Abb. 11 und 12 verglich, hatte die längere Lagerung zur Folge, dass die Blattflächen an Tag 25 größer wurden.

Versuche mit Aprikosenknospen

Auf der Grundlage des in den Apfelversuchen entwickelten *in vitro*-Testsystems wurde untersucht, ob der Knospenaustrieb durch eine einmalige ABA-Applikation verzögert werden kann. Es wurden unterschiedliche ABA-Konzentrationen appliziert und die Auswirkung bonitiert. Über die BBCH Knospenstadien wurden die entsprechenden Zahlenwerte zu den

17

jeweiligen Blütenstadien ermittelt. Von den untersuchten Knospen wurden die Mittelwerte genommen und grafisch dargestellt. Untersucht wurden die Aprikosenknospen an einzelnen Nodien (Abb. 13) und an ganzen Trieben (Abb. 14).

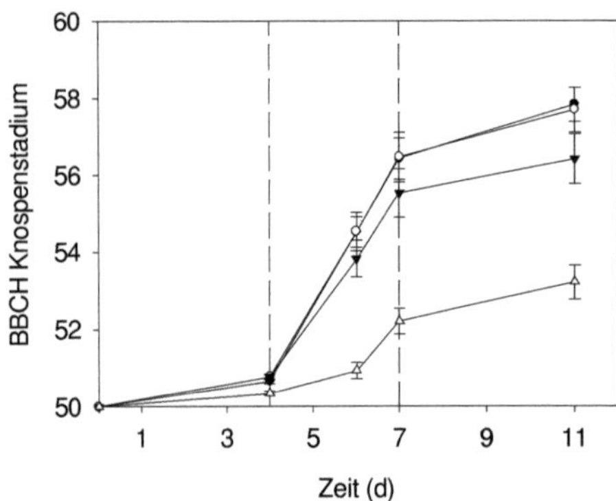

Abb. 13 Mittelwerte der BBCH Knospenstadien der einzelnen generativen Aprikosenknospen über eine Kulturdauer von 11 Tagen. Jeder Datenpunkt steht für den Mittelwert der an diesem Boniturtag anhand der BBCH Knospenstadien für Steinobst notierten Stadien. BBCH Stadium 50 = kein Austrieb; 51 = Knospenschwellen; 53 = Knospenaufbruch; 56 = Blütenstand geöffnet; 59 = Ballonstadium; 60 = Blüte offen. ●=0 ppm ABA, ○=10 ppm ABA, ▼=100 ppm ABA, △=1000 ppm ABA. Weitere Informationen zu den BBCH Knospenstadien siehe Anhang.

Die Entwicklung der Knospen wird durch eine Behandlung von 1000 ppm ABA verzögert, überschreitet das BBCH-Knospenstadium 54 an Tag 11 nach Versuchsbeginn nicht und die Knospen benötigen länger zur Blüte (15 +/- 2 Tage). Eine Behandlung mit 100 ppm ABA verzögert nur 3 +/- 1 Tage. 10 ppm ABA bzw. 0 ABA verzögert nicht, die Knospen blühen nach etwa 14 +/- 1 Tagen.

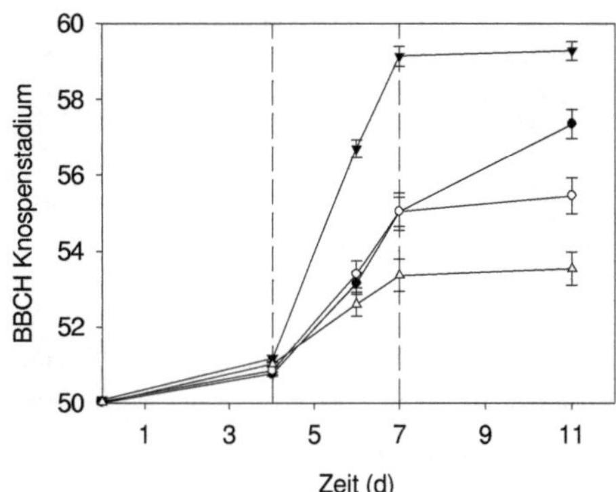

Abb. 14 Mittelwerte der BBCH Knospenstadien an ganzen Aprikosentrieben über eine Kulturdauer von 11 Tagen. ●=0 ppm, ○=10 ppm, ▼=100 ppm, △=1000 ppm. BBCH Knospenstadien siehe Abb. 13 bzw. siehe Anhang.

Im Vergleich zur Knospenentwicklung an den einzelnen Nodien zeigen die behandelten ganzen Triebe einen Unterschied bei der Behandlung mit 100 ppm ABA. Während in Abb. 13 die 100 ppm ABA-Behandlung unter der Kontrolle und der 10 ppm ABA-Behandlung liegt und das Knospenstadium 56 nicht erreicht wurde, befindet sie sich bei der Untersuchung mit den ganzen Trieben weit über diesen beiden Behandlungen und zudem zwischen den BBCH Knospenstadium 59 und 60. Das bedeutete, dass die Knospen der 100 ppm ABA-Behandlung bereits vier Tage vor Versuchende im Ballonstadium bzw. schon am Blühen waren (Abb. 14), während alle anderen Behandlungen das Ballonstadium nicht erreichten. Auch hier verzögerte die Behandlung mit 1000 ppm ABA den Knospenaustrieb. Bei den meisten Knospen ist der Kurvenverlauf nach 7 Tagen sehr flach, sie erreichen die Blüte nur langsam. Die 0 ABA-Behandlungen von beiden Versuchen glichen sich um +/- 1-2 Stadien.

In Anlehnung an den gemeinsamen linearen Bereich bei der Analyse der Apfelknospen wurden für die Aprikosenuntersuchungen die Steigungen für die Entwicklung der Knospen berechnet und statistisch ausgewertet (Tabelle 3).

Tabelle 3 Steigungen für die Regressionsgeraden, die für die BBCH Knospenstadien im Bereich 7-11 d berechnet wurden. Mittelwerte mit dem gleichen Buchstaben sind nicht signifikant verschieden, $p < 0,05$.

ABA-Konzentration (ppm)	Stecklinge Steigung	StdF	Ganze Triebe Steigung	StdF
0	1,93 a	0,16	1,39 b	0,12
10	1,90 a	0,20	1,38 b	0,15
100	1,58 a	0,20	2,67 a	0,09
1000	0,58 b	0,10	0,78 c	0,14

Die Behandlungen der unbehandelten Einzelknospen und die Einzelknospen, die mit einer ABA-Konzentration von 10 bzw. 100 ppm behandelt wurden, zeigten keinen signifikanten Unterschied. Die Behandlung mit 1000 ppm war signifikant verschieden. Bei der Behandlung der ganzen Triebe unterschied sich jede Behandlung signifikant von den anderen.

Diskussion

Apfelversuche

Ziel dieser Arbeit war die Entwicklung eines *in vitro*-Testsystems für den Knospenaustrieb bei Kernobst. Gegenstand der Untersuchung war, ob der Schnitttermin, die Lagerung oder beide Faktoren einen Einfluss auf den Austrieb der Apfelknospen haben. Zunächst soll der Einfluss des Schnitttermins, dann der Einfluss der Lagerungsdauer auf den Knospenaustrieb in einem *in vitro*-Test diskutiert werden. Die Faktoren Beginn des Knospenaustriebs, Gesamtfläche der Knospen zu einem bestimmten Zeitpunkt und die Dauer der Zunahme an Blattfläche werden berücksichtig. Anschließend werden die angewandten Methoden kritisch betrachtet. Zum Schluss der Diskussion steht eine Empfehlung für zukünftige Experimente.

Einfluss des Schnitttermins

Der Schnitttermin hatte eventuell einen Einfluss auf die Austriebsgeschwindigkeit (Tabelle 2). Versuch 1.3 unterschied sich signifikant von Versuch 2.3. Ursache könnte jedoch die Kultur von Versuch 2.3 in der Klimakammer statt der Phytokammer sein. Auf den Beginn des Knospenaufbruchs hatte der Schnitttermin keinen Einfluss (Abb. 9). Ebenfalls konnte kein Einfluss auf die Dauer bis zum Erreichen von 20 % der maximalen Blattfläche festgestellt werden (Abb. 10). Der Schnitttermin hatte auch keinen Einfluss auf die ausgetriebene Fläche 15 Tage (Abb. 11) und 25 Tage (Abb. 12) nach Versuchsbeginn.

Einfluss der Lagerdauer

Auf die Austriebsgeschwindigkeit hat die Lagerung keinen Einfluss (Tabelle 2). Der Knospenaufbruch wurde durch die Lagerung nicht beeinflusst (Abb. 9). Die Dauer bis zum Erreichen von 20 % der maximalen Blattfläche wurde durch die Lagerung ebenfalls nicht beeinflusst. Die Lagerung hatte einen Einfluss auf die Knospenfläche (Abb. 11 und 12). Am Tag 15 und 25 nach Versuchsbeginn zeigten die Knospen aus Versuch 1.3 und 2.3 die größte Blattfläche. Zumindest Versuch 1 zeigte, dass die Knospen aus der längsten Lagerung die größten Blattflächen hervorbringen. In Versuch 2 ist dies nicht der Fall, was an den abweichenden Kulturbedingungen von Versuch 2.3 lag.

Zusammenfassend kann man sagen, dass die Faktoren getrennt betrachtet wenig Einfluss auf die Knospenentwicklung hatten. Weder der Schnitt noch die Lagerung hatten einen Einfluss auf die Austriebsgeschwindigkeit. Beide Faktoren zusammen beeinflussten die akkumulierte Kältesumme. Die Kältesumme hatte eventuell Einfluss auf die Austriebsgeschwindigkeit (Abb. 7, 8; Tabelle 2) und die ausgetriebene Knospenfläche (Abb. 11, 12). Die Versuche direkt nach dem Schnitt und nach ca. 40 Tagen Lagerung unterschieden sich nicht signifikant, auch wenn die Streuung der Werte nach der ersten Lagerung etwas größer war. Grundsätzlich näherten sich die Knospenflächen am Tag 25 an. Die signifikanten Unterschiede nahmen im Vergleich zu den Ergebnissen am Tag 15 ab. Dies könnte als Ermüdungserscheinung interpretiert werden, da die Knospen mit fortschreitendem Entwicklungszustand mehr Nährstoffe benötigen. Für solche Versuche würde eine externe Nährstoffversorgung über das Wasser jedoch wenig Sinn machen, da nur die Austriebsleistung der Knospen untersucht werden sollte. Durch eine Düngung würden weitere Faktoren hinzukommen, die den Knospenaustrieb beeinflussen, so dass eine einfache Untersuchung nicht mehr gewährleistet wäre. Durch die Wahl des Schnitttermins, der nur 11 Kältestunden gegenüber den Versuchen von GHARIANI und STEBBINS (1994) abweicht, könnte die Kältesumme, die diese Apfelsorte benötigt, bereits erreicht worden sein. Es wäre interessant einen früheren Schnitttermin zu untersuchen, zum Beispiel 800 Kältestunden. Eventuell waren die Knospen bei Schnitttermin 2 nicht mehr vollständig dormant, wodurch sich die Ausreißer bei der Entwicklungsdauer erklären ließen (Abb. 9, 10).

Bewertung der Methode

Ein Problem stellte die Verwendung der Phytokammer dar. Die Phytokammer wurde von mehreren Personen verwendet, wodurch es zu Klimaschwankungen kam, die die

Knospenentwicklung beeinflusst haben könnte. Vor allem die relative Luftfeuchtigkeit war innerhalb der ersten sieben Tage ein entscheidender Faktor. Sank die relative Luftfeuchtigkeit ab, waren die dünnen Explantate gefährdet auszutrocknen. Die Qualität der Explantate war für das Versuchsergebnis ein entscheidender Faktor. Werden nur Explantate mit gleichwertigen Abmessungen verwendet, ist gewährleistet, dass der Knospenaustrieb bei allen Knospen gleichwertig stattfinden kann. Ein dünnes Explantat im Vergleich zu einem dicken wird stärker von äußeren Einflüssen beeinflusst. Es kann schneller austrocknen und nimmt weniger Wasser auf.

Vereinzelt kann es zu Blattfall kommen, der, sollte er unbemerkt bleiben, die Messergebnisse verfälschen würde. Die Triebe und anschließend die Knospen wurden randomisiert präpariert. Ein Notieren der Positionen der Triebe am Baum und der Knospen am Trieb könnte Aufschluss darüber geben, wenn sich Werte zeigen, für die sich keine konkrete Erklärung finden lässt (Versuch 2.1, 2.3; Abb. 9, 10).

Neben der Planung des ersten Schnitttermins und der Beobachtung der Knospenentwicklung innerhalb der ersten 7 Tage ist es wichtig, den Versuch insgesamt gut durchzuplanen. Für einen glatteren Kurvenverlauf sollte die Dokumentation in Abständen von zwei bis drei Tagen und innerhalb der ersten Woche täglich stattfinden. Auf diese Weise wäre auch die Ermittlung eines gemeinsamen linearen Bereichs wesentlich genauer. Darüber hinaus würden die über die gemeinsame Steigung ermittelten Blattflächen zu bestimmten Zeitpunkten genauer am echten Wert liegen.

Wie aus Abb. 10 abzulesen ist, haben im Schnitt nach 14 Tagen die meisten Knospen 20 % der im Versuch maximal erreichten Fläche erzielt. Versuch 2.3 fällt jedoch sehr aus dem Rahmen. Das liegt daran, dass Versuch 2.3 nicht in einer Phytokammer, sondern in einer Klimakammer kultiviert wurde. In dieser hatten die Knospen noch gleichmäßigere und stärker kontrolliertere Bedingungen. Die Knospen trieben schneller aus und erreichten so früher größere Blattflächen als die Versuche in der Klimakammer. Dieses beiläufige Ergebnis, das nicht untersucht wurde, war ein echter Glücksgriff, der zeigte, was die Kulturbedingungen ausmachen können.

Empfehlung für einen Austriebstest mit Apfelknospen

Bei zukünftigen Versuchen wäre es ratsam drei Schnitttermine zu wählen, um die Entwicklung der Knospen zu einem früheren Schnitttermin ebenfalls zu untersuchen. Für eine noch genauere Bewertung des Knospenaustriebs würde ich das Bonitieren der Blattanzahl je

Knospe empfehlen. So ist eine Beurteilung des Flächenzuwachses fehlerfrei möglich. Es sollten zudem die Positionen der Triebe am Baum und der Knospen am Trieb notiert werden. Die Kulturbedingungen sind von ganz besonderer Wichtigkeit. Die Kultur sollte in einer Klimakammer durchgeführt werden. Hier ist gewährleistet, dass die Knospen schneller austreiben und die Blattflächen schneller zunehmen. Dadurch wird ebenfalls die Dauer des Versuchs verkürzt und der Ablauf zeitlich effizienter.

Aprikosenversuche

Das Ziel dieser Arbeit war es auf der Grundlage des in den Apfelversuchen entwickelten *in vitro*-Testsystems zu untersuchen, ob der Knospenaustrieb durch eine einmalige ABA-Applikation verzögert werden kann. Es wurden unterschiedliche ABA-Konzentrationen appliziert und die Auswirkung boniert. Der Faktor ABA-Konzentration wird im Folgenden näher betrachtet. Anschließend werden die angewandten Methoden kritisch betrachtet. Am Ende der Diskussion steht eine Empfehlung für zukünftige Experimente.

Einfluss der ABA-Behandlung

Hohe ABA-Konzentrationen haben einen Einfluss auf die Entwicklung generativer Einzelknospenexplantate (Abb. 13) und ganzer Triebe (Abb. 14) bei Aprikose. Eine Verzögerung um 15 +/- 2 Tage ist unter Laborbedingungen an Einzelknospenexplantaten möglich. Bei der Behandlung der ganzen Triebe zeigte sich ein im Vergleich zu den einzelnen Knospen unerwartetes Ergebnis. Die 100 ppm ABA-Behandlung beschleunigt den Knospenaustrieb (Abb. 14).

Zusammenfassend kann man sagen, dass eine ABA-Applikation den Austrieb von einzelnen generativen Aprikosenknospen unter Laborbedingungen verzögern kann. Das Ergebnis aus dem Versuch mit den langen Trieben sollte eingehender untersucht werden, bevor ein Feldversuch durchgeführt wird. Eine Abschätzung über die optimale ABA-Konzentration kann durch diese Untersuchung nicht gegeben werden.

Bewertung der Methode

Ein Problem bei diesem Versuch stellte das Pflanzenmaterial dar. Die Knospen befanden sich bereits in einem fortgeschrittenen Stadium, als sie für den Versuch geschnitten wurden. Der Schnitt wurde durch Dritte durchgeführt, sodass die Triebe nicht nach eigenen Kriterien ausgewählt werden konnten.

Obwohl der Versuch auf der Fensterbank durchgeführt wurde, trieben die Knospen ohne Probleme aus. Klima- und Helligkeitsschwankungen sind durch die Kultur auf der Fensterbank jedoch immer gegenwärtig.

Empfehlung für einen Austriebstest mit Aprikosenknospen

In zukünftigen Versuchen sollte eine Untersuchung im Bereich 100-1000 ppm ABA erfolgen. Auf der Basis der Apfelversuche wird die Verwendung der Klimakammer auch hier empfohlen, um Schwankungen der Kulturbedingungen auszuschließen.

Schlussfolgerung

Ein *in vitro*-Testsystem in der hier beschriebenen Art ist möglich und praxistauglich, liefert gute Ergebnisse, ist mit einfachen Mitteln realisierbar und auf der Fensterbank durchführbar.

Literatur

Botelho RV, Muller MML (2007): Garlic extract as alternative on bud dormant break of apple trees cv. Fuji Kiku. *Revista Brasilaira de fruticultura* 29: 37-41

Brown DS (1960): The relation of temperature to the growth of apricot flower buds. *Journal of the American Society for Horticultural Science* 75: 138-147

Eagles CF, Wareing PF (1963): The Role of Growth Substances in the Regulation of Bud Dormancy. *Physiologia plantarum* (1964) 17: 697

Ghariani K, Stebbins RL (1994): Chilling requirements of apple and pear cultivars. *Fruit Varieties Journal* 48: 215-222

Hauagge R, Cummins (1991): Phenotypic variation of length of bud dormancy in apple cultivars an related *Malus* species. *Journal of the American Society for Horticultural Science* 116: 100-106

Kaska N (1978): Delaying flowering in apricots by etephon and abscisic acid. *Acta Horticulturae* 80: 219-224

Ruiz D, Campoy JA, Egea J (2007): Chilling and heat requirements of apricot cultivars for flowering. Environmental and experimantal botany 61: 254-263

Samish RM (1954): Dormancy in woody plant. *Annual review of plant physiology and plant molecular biology* 5: 183-204

Danksagung

Die Entwicklung des *in vitro*-Testsystems empfand ich als sehr interessant und bereichernd. Ich möchte mich an dieser Stelle bei all denjenigen bedanken, die mich bei meiner Abschlussarbeit unterstützt haben. Besonders möchte ich mich bei Frau Dr. Alkio und Herrn Prof. Dr. Knoche bedanken, die mir immer mit Rat und Tat zur Seite standen. Bedanken möchte ich mich außerdem beim gesamten Institut für Biologische Produktionssysteme, ohne das diese Arbeit gar nicht möglich gewesen wäre. Meiner Familie möchte ich ebenfalls danken. In erster Linie meiner Schwester, Nicole Vollmer, die mich beim Korrekturlesen unterstützt hat.

Anhang

BBCH Knospen-Skala

Steinobst Meier et al., 1994
BBCH-Codierung der phänologischen Entwicklungsstadien von Steinobst

Code   Beschreibung

Makrostadium 5: Entwicklung der Blütenanlagen

51   Knospenschwellen: erstes deutliches Anschwellen der Blütenstandsknospen; Knospen
     Noch geschlossen, hellbraune Knospenschuppen sichtbar

53   Knospenaufbruch: Knospenschuppen gespreizt; hellgrüne Knospenbereiche sichtbar

54   Blütenstand von hellgrünen Hüllblättern umgeben, soweit Hüllblätter ausgebildet (nicht
     alle Arten)

55   Geschlossene Einzelblüten am Knospengrund mit gestauchten Blütenstielen sichtbar.
     Grüne Hüllblätter leicht geöffnet

56   Blütenstand geöffnet; Blütenstiele verlängert; Einzelblüten wachsen auseinander

57   Kelchblätter geöffnet; Spitzen der Blütenblätter sichtbar; Einzelblüten mit
     geschlossenen weissen oder rosa Blütenblättern

59   Ballonstadium: Mehrzahl der Blüten im Ballonstadium

Makrostadium 6: Blüte

60   Erste Blüten offen